MEMOIRE
ECONOMIQUE
SUR
LES POMMES DE TERRE.

Par M. ***,

*Membre de la Société Royale d'Agriculture
de la Généralité de Limoges, au Bureau
de Brive-la-Gaillarde.*

LES différentes racines que nous nom-
mons pommes de terre, furent appor-
tées de l'Amérique septentrionale en
Irlande ; elles furent de là transportées
en Angleterre : on les nomma patates,
mot affecté pour une racine des Indes
espagnoles, connue par les relations des
Voyageurs. Nos premiers Auteurs qui
ont écrit sur les pommes de terre, ont
fait une confusion des patates des Anglois & de la patate des Espagnols.

A

Nous connoiſſons des pommes de terre à pellicule blanche ou blonde, il y en a qui ont la pellicule rouge ou de couleur de pelure d'oignon.

On diſtingue dans ces racines de la ſeconde claſſe les pommes oblongues & larges, arrondies par le bas & terminées en pointe obtuſe, elles ont groſſièrement la figure d'une amande avec ſon brou; & les pommes arrondies par un bout & pointues de l'autre, celles ci ſont hâtives.

On diſtingue les pommes rondes hâtives, les rondes ordinaires; les pommes longues, arrondies par les deux bouts & crénelées; finalement, celles qui reſſemblent à un rognon de veau. Toutes ces ſortes de racines ne ſont cependant que des variétés dans l'eſpece.

Les pommes de terre ſont une des productions de la terre qui rendent le plus au cultivateur (1). Selon les Mé-

____

(1) Dans la Ville de Lyon, on a donné le nom de bichet à la meſure de bled; la meſure des terres eſt nommée bicherie; le bichet de froment peſe 56 à 58 livres.

En 1770, une bicherie de bon terrein a produit 120 bichets de pommes de terre, chaque bichet fut vendu 1 liv. 15 ſols. Cette bicherie de terrein ne produiſoit que 10 à 11 bichets de froment.

decins anglois , elles sont nourrissantes ,
légeres , elles facilitent le sommeil ,
elles sont un excellent antiscorbutique.
Ces racines , en Allemagne , en Angleterre , sont , dans la cuisine des Sei-
gneurs , ce que sont les feves de haricots
dans les cuisines de la Ville de Paris.
Dans ces pays , ainsi que chez d'autres
Nations , le peuple se nourrit de pommes de terre (2) ; il s'en sert pour ap-
pâter la volaille , pour engraisser les cochons , il en donne aux vaches (3).

Le bichet de froment fut du prix de 9 liv.
dans le temps de la vente des pommes de terre.
Partant , la bicherie de terrein en pommes de
terre a produit 113 liv. lorsque , cavant au plus
fort , elle n'auroit produit en froment que 108
livres.

(2) En Irlande , le peuple des campagnes est
fort & vigoureux ; cependant les pommes de
terre & un repas en pain font sa nourriture jour-
naliere pendant six mois de l'année ; il les mange
au sel , cuites à l'eau , ou sous la cendre. Ce Peuple ne ressent la disette que lorsqu'une forte gelée,
venue trop tôt , gâte les pommes de terre. On
pourroit citer d'autres exemples tirés de chez
d'autres Nations.

(3) Pour nourrir la volaille , on lui donne des
pommes de terre cuites à l'eau , & du son ; &
quand on veut engraisser les chapons , les pou-
lardes , on les souffle avec de la pâte composée
de deux tiers de pulpe de pommes de terre , &

Il y a cependant des pommes de terre qui sont en qualité supérieures aux autres. Les pommes à pellicule blanche ou blonde sont très douces & farineuses ; celles faites en forme d'une amande, celles qui sont arrondies par un bout & pointues de l'autre, leur ressemblent beaucoup. Les pommes rondes, soit hâtives, soit ordinaires, viennent après.

On trouve que les pommes longues & & crénelées, celles en forme de rognon de veau, foisonnent plus que les autres, mais qu'elles sont communément pâ-

---

d'un tiers de farine des mêmes grains, pétrie avec du lait de beurre.

On donne aux cochons des pommes de terre cuites avec du son ; & pour les mettre en graisse, on ajoute des farines de menus grains.

Les vaches mangent les pommes de terre crues ; on les coupe par morceaux avant de les leur donner. On a remarqué que les vaches à qui l'on donne habituellement des pommes de terre, rendent plus de lait.

Un bon & habile Agriculteur a observé que, pour mettre les bœufs en graisse, il dépensoit un quart moins pesant de pommes de terre que de grosses raves.

Il y a des Laboureurs qui nourrissent les chevaux de harnois avec des pommes de terre & de la paille hachée ; ils disent que cette nourriture remplace presque l'avoine.

teuses & un peu âcres, sur-tout les der-
nieres nommées (4).

La terre compacte ne convient pas
aux pommes, elles ne peuvent y
groffir. Les terres graveleufes, les
terres fablonneufes ne font point affez
fubftancielles ; ces racines font mer-
veille dans la terre limonneufe, & dans
celle d'un fable gras.

Il y a plufieurs manieres de cultiver
les pommes de terre. Nous ne ferons
mention que des trois les plus ufitées.

Le particulier qui fe trouve fans
chevaux ou fans bœufs de harnois, laboure à la beche fon champ avant ou
dans le cours de l'hiver. Ce labour eft
fait de façon que la fuperficie de la

-----

(4) Un obfervateur a remarqué que l'âcreté
des pommes à pellicules rouge ou couleur de
pelure d'ognon provient de la feconde pellicule,
ou de l'épiderme qui eft entre la pellicule exté-
rieure & la chair de la racine : une légere teinte
de cet épiderme caufe de l'âcreté dans le morceau
qui en eft taché. Il eft difficile de dépouiller
tout-à-fait de cet épiderme la pomme longue
crénelée, & celle en forme de rognon de veau.
D'ailleurs, celle-ci porte dans l'épaiffeur de la
chair un petit cercle rouge, placé à deux ou trois
lignes de l'écorce, & autant du centre.

A ſiij

piece de terre ſoit partagée par gros
ſillons faits en ados.

Le cultivateur , au commencement
du mois de Mars , rabat la terre des
ados dans les foſſettes ; puis vers le
commencement d'Avril , il creuſe dans
la terre rabattue des rigoles de ſix
à ſept pouces de profondeur , ſur une
largeur proportionnée ; ces rigoles ſont
en lignes paralleles , à deux pieds de diſ-
tance l'une de l'autre. Un enfant place
dans le milieu de la rigole les pommes de
ſemence eſpacées entre elles d'un pied ;
le cultivateur qui le ſuit jette du fumier
ſur les ſemences , & couvre le tout de
cinq à ſix pouces de terre par le moyen
d'un rateau. Les choſes reſtent en cet
état juſques au temps où les pommes ont
pouſſé des tiges de ſept à huit pouces ;
pour lors , le cultivateur détruit les
mauvaiſes herbes , couche les tiges de
pomme , en forme d'éventail , ſur l'a-
lignement de la rigole , & couvre les
couchis de quatre pouces de terre , ob-
ſervant que le haut des tiges ſoit ſaillant
de quelques pouces en dehors de la ſuper-
ficie du terrein. Ce premier travail eſt
ſuivi d'un deuxieme dans le mois de Juin

ou en Juillet. Le cultivateur ramene la terre sur les tiges afin de les butter. Il apporte dans l'un & l'autre travail beaucoup de légéreté de bras, crainte d'offenser les jettons de la semence qui tracent entre deux terres. Souvent il arrive que de mauvaises herbes pouffent encore dans le semis avant le mois de Septembre, des femmes ou des petits garçons arrachent ces herbes à la main.

Les personnes qui veulent faire un grand semis de pommes de terre, font couvrir de fumier la superficie du terrein. Sur la fin du mois de Février, elles enterrent ce fumier par un profond labour. Le temps de semer les pommes de terre étant venu, elles font ouvrir dans la piece de terre des raies paralleles, profondes de six pouces, distantes l'une de l'autre de deux pieds & demi : on place les pommes de semence dans le milieu de la raie, espacées entre elles de neuf à dix pouces ; on les enterre avec le rateau ; puis, lorsque les mauvaises herbes ont pouffé, des manouvriers ferfouiffent la terre dont ils chauffent la plante de la hauteur de cinq à six pouces. Un deuxieme labour succede à celui-ci dans le mois de Juin ou de Juillet,

& toujours avec l'attention de ne pas
offenser les jettons de la pomme.

Il y a des particuliers qui font faire
les raies de sept pouces, placent la
pomme dans le fond de la raie, & ré-
pandent par-dessus le fumier; ils disent
que le fumier mis au-dessous rend la
pomme pâteuse. Si malgré ces deux la-
bours les herbes parasites ont encore
poussé dans le semis, le propriétaire les
fait détruire par un léger ratissage.

Les Irlandois, & nombre de personnes après eux, font donner un bon
labour à la piece dans laquelle ils veulent faire un semis de pommes de terre;
ils tracent ensuite dessus des lignes paralleles, sur lesquelles ils ouvrent en
quinconce des trous d'un pied de profondeur, sur deux pieds de largeur, es-
pacés de quatre pieds l'un de l'autre; ils
remplissent les trous de fumier qu'ils fou-
lent bien, posent dessus la pomme de
semence, si elle est grosse, ou trois
moyennes, & couvrent le tout de la
terre provenue de l'excavation; puis,
lorsque la semence a poussé des tiges de
sept à huit pouces, ils donnent à la terre
un labour, couchent les tiges en buisson
sur la longueur de quatre pouces, &

les couvrent de six pouces de terre. Ce travail est renouvellé en Juin ou Juillet, tant pour détruire les mauvaises herbes qu'afin d'élever autour de la cépée une butte de deux pieds, sur une largeur pareille. Le manouvrier apporte beaucoup de soin pour ne pas offenser les jettons qui tracent dans la butte (5).

Les binages dont il est mention ci-dessus, se font par un temps qui ne soit ni trop humide, ni trop chaud.

La pomme de terre produit des graines; mais il est beaucoup plus expéditif de semer le fruit même. Cette racine est plus ou moins chargée d'yeux ou tubercules d'où sortent la tige & des jettons chevelus, qui produisent le légume. On réserve d'ordinaire pour semence les racines qui ont la grosseur d'une noix; & si l'on n'en a que de grosses, on les coupe en deux. Quelques Auteurs ont écrit que, pour faire un semis de pommes, il suffit de les couper par morceaux chargés d'un ou de deux yeux. De tels semis ne donnent que des pro-

---

(5) La culture des pommes de terre, suivant la méthode des Irlandois, rend plus de cent pour un, eu égard au poids de la semence. On trouve dans la butte de très grosses pommes, des moyennes & des petites.

ductions foibles, par insuffisance de pulpe.

L'usage est de couper la fane des pommes, sitôt que les feuilles commencent à jaunir, afin de faire grossir le fruit.

On peut, dès le mois de Juillet, manger des pommes de terre hâtives & des autres en Septembre ; mais pour les conserver jusqu'au printemps suivant, il faut que ces racines aient acquis la pleine maturité. Les pommes hâtives sont mûres à la fin du mois de Septembre, les autres restent en terre jusqu'aux premiers jours de Novembre.

La récolte des pommes de terre se fait par de beaux jours : des manouvriers, armés d'une fourche de fer à trois dents, enlevent la cépée, & la mettent par côté sens dessus dessous : des enfants font le tirage des pommes ; les grosses sont mises à part pour la consommation du ménage, les moyennes sont destinées pour la semence, les petites deviennent le lot de la bassecour. Les manouvriers, pendant le tirage, fouillent la terre afin qu'il n'y reste aucune racine qui, l'année suivante, seroit le germe d'une nouvelle production. Les racines restent exposées à l'air ; on les tourne & retourne avec un rateau à dents de bois, afin de les faire essorer; puis, sur le déclin du jour, on les porte dans un lieu où ces racines soient à l'abri de la gelée, car la gelée détériore ce légume sans ressource (6).

---

(6) Chaque pays a sa méthode: afin de mettre les racines à l'abri de la gelée, on observera seulement que si l'on met les pommes de terre dans une cave, il ne faut pas qu'elle soit humide; que si le lieu paroît être trop chaud après le temps des gelées, il faut faire transporter les pommes dans un endroit plus tempéré, afin qu'elles ne germent pas.

Suivant l'opinion commune, les pommes de terre sont pernicieuses, tant pour les hommes que pour les bestiaux, lorsqu'elles sont frappées de la gelée. Nous lisons cependant dans le Journal Économique du mois de Juillet 1755, à l'article de l'extrait des Journaux d'Allemagne sur les patates ou pommes de terre, qu'un Econome habile a assuré l'Auteur du Recueil économique imprimé à Leipsick, qu'en mettant les pommes de terre frappées de la glace dans l'eau fraîche, & les y laissant tremper une nuit, la gelée en sort, & qu'elles sont encore bonnes, du moins pour les bestiaux.

Mr. Cabanis, Avocat, ci-devant Secrétaire du Bureau d'Agriculture de Brive, a dit à l'Auteur du Mémoire, qu'une de ses sœurs avoit des pommes de terre qu'on laissa geler; que sur la nouvelle qu'on lui apporta, elle donna ordre de faire cuire ces pommes pour les cochons; que la personne chargée de l'exécution fut très sur-

Si le temps est pluvieux dans la saison de la cueillette des pommes de terre, le propriétaire les fait porter dans un grenier, afin qu'elles ressuient avant de les semer. Il faut, au surplus, se garder de les laver, dans l'idée de les serrer plus propres.

La cueillette des pommes étant faite, on laboure la terre pour y semer du bled. Il ne faut alors qu'un labour, le travail de la récolte ayant parfaitement ameubli la terre. Un manouvrier suit la charrue, afin de ramasser les pommes qu'elle découvre; on seme sur ce labour, ayant l'attention de mettre moitié moins de semence que d'ordinaire, sans quoi le bled verseroit & ne graineroit pas.

Le peuple en France auroit moins à souffrir de la disette du bled, si nos laboureurs mêloient à sa culture celle des pommes de terre (7). On fait du pain

---

prise de trouver que ces pommes, par la cuisson, avoient repris leur premiere consistance, qu'elles étoient bonnes & farineuses, qu'on en fit du pain qui fut trouvé d'un bon goût, & sain.

(7) Un Auteur anonyme expose dans une lettre qu'il adresse aux Médecins, en date du premier Février 1771, insérée dans la cinquième des Feuilles hebdomadaires qui s'impriment à Rouen,

de trois manieres avec les pommes de terre.

Premiérement, fur une quantité déterminée de farine de froment, de feigle ou d'orge (8), on met un tiers pefant de pulpe de pommes.

---

qu'il y a lieu de douter que les pommes de terre foient un aliment auffi falutaire qu'on veut le faire croire. Les raifons rapportées par l'Auteur ont paru à Mr. le Contrôleur Général mériter que MM. de la Faculté de Médecine fuffent confultés, pour favoir fi les doutes de cet Auteur font fondés, & s'il y a en effet du danger à craindre pour les perfonnes qui font ufage des pommes de terre. Sur la lettre de Mr. le Contrôleur Général, la Faculté a chargé MM. Bercher, Macquer, Gevigland, Roux, Darcet & Sallin, de lui donner les éclairciffements néceffaires pour répondre à Mr. le Contrôleur Général.

Il réfulte du rapport de MM. les Commiffaires, que les objeétions de l'Auteur de la lettre anonyme contre l'ufage des pommes de terre, font mal fondées.

Le Samedi 13 Mars 1771, la Faculté de Médecine a approuvé le Mémoire des Commiffaires fur l'ufage des pommes de terre, & elle a arrêté qu'ils feroient la réponfe, que la Compagnie auroit l'honneur de préfenter à Mr. le Contrôleur Général.

(8) On prend pour 12 livres de farine, 6 livres de pommes de terre, qu'on choifit de la même groffeur, autant que faire fe peut, afin qu'elles cuifent également. On met ces racines dans un pot, avec une quantité d'eau fuffifante pour les

Deuxiémement, on fait du pain avec moitié pesant de farine de l'un ou l'autre bled, & moitié pulpe de pommes.

---

faire cuire, sans que leur peau se fende ; car l'eau qui pénetre dans les pommes leur fait perdre de leur qualité. Ces pommes étant cuites, on les jette sur une claie, ou dans un panier ; on les pele, puis on les écrase sur une table solide, propre & unie, avec un cylindre de bois fait au tour, de dix-huit pouces de long sur trois de diametre. A fur & à mesure que les racines sont écrasées, on les pousse, avec le rouleau, dans une corbeille propre, adaptée à l'extrémité de la table.

On fait le levain la veille du jour du pétrissage, avec la farine seulement ; & lorsqu'on veut pétrir, on mêle la pulpe des pommes de terre avec la farine, on les pétrit ensemble comme a l'ordinaire, on forme des pains qu'on laisse lever comme celui de simple farine ; on les met au four, observant de ne pas fermer tout de suite le four, parceque l'expérience a prouvé que la croute en étoit plus brune & moins agréable à l'œil, sans que le pain fût moins bon.

On a observé aussi qu'il étoit avantageux de laisser le pain à four ouvert sur les fins, quelques quarts d'heure de plus que pour le pain de farine ordinaire, afin de le laisser ressuyer, parceque la pâte se conserve plus molle que dans l'ordinaire. Le pain, ainsi fait, est aussi léger, aussi blanc & aussi bon que celui de pur froment ; & à moins d'être prévenu, on ne s'appercevroit pas du mélange ; seulement ce pain vaut moins pour la soupe, il fait une sorte de bouillie.

Le pain de pommes de terre se conserve passa-

Troisiémement, on fait du pain avec un tiers de farine de froment ou de seigle, & deux tiers de pulpe de pommes (9).

***

blement frais douze à quinze jours ; il faut attendre deux jours pour le manger bon dans sa perfection, excepté celui fait avec la farine d'orge, qui se mange dès le premier jour.

La qualité des pommes influe sur celle du pain.

(9) Dans la boulangerie de la maison des Feuillants, rue St. Honoré à Paris, on a fait, toujours avec succès, des essais de pain de pommes de terre sur diverses farines, telles que froment pur, seigle & froment mêlés, orge : la proportion a été de six livres de pommes de terre, & trois livres de farine, y compris le levain. On s'est servi de levures de biere, on y a jeté une once & demie de sel.

On a été plus loin, on a mis le levain seul avec la pulpe des pommes, on a fait des pains qu'on a fait lever & cuire à l'ordinaire ; il en est résulté du pain dont tout le monde pourroit vivre ; mais il y faut ajouter un peu plus de sel que dans l'autre, parceque la pomme est plus insipide que la farine.

On lit dans une Lettre d'un Citoyen à ses Compatriotes, imprimée à Rouen en 1770, chez Machuel, que le peuple villageois de la Basse-Normandie vit de pain de bled sarrazin ; qu'on avoit mêlé de la pulpe de pommes de terre avec cette farine ; que, par ce mélange, la farine de bled sarrazin avoit beaucoup perdu de la rudesse, & une certaine âcreté qui lui est naturelle ; que le pain ainsi fait étoit infiniment meilleur & plus sain.

Et qu'on ne dise pas que ce pain étant cuit, la pulpe des pommes de terre se trouve réduite à peu de chose : des expériences bien faites ont démontré le faux de l'objection (10).

Ce seroit une erreur en matiere rurale de penser que la cultivation des pommes de terre concerne simplement les petits propriétaires ; elle est, au contraire, plus spécialement du ressort des grands propriétaires & du fermier riche : ils ont le choix des pieces de terre, ils ont les moyens de fournir aux avances primitives & aux avances annuelles.

---

(10) On a pesé le pain de pommes de terre, fait dans les proportions mises en pratique dans la boulangerie des Feuillants, & un pain fait simplement avec deux livres de farine ordinaire, & une livre de levain. La premiere proportion a donné exactement neuf livres & demie de pain. La seconde proportion a donné un pain de trois livres & demie. On voit que ce pain ne prend pas autant d'eau que le pain ordinaire : aussi lorsqu'on peut avoir de la farine de froment ou de seigle, on trouve à peu près autant d'économie à faire cuire les pommes de terre sous la cendre, ou dans l'eau, & à les manger avec un peu de sel & de pain, ce qui évite le dégoût de manger le pain sec. Quand on n'a que de la farine d'orge ou de sarrazin, le pain devient meilleur par le mélange de la pâte de pommes de terre.

F I N.